ACCESOS VASCULARES PARA HEMODIALISIS: LAS FAVIS.2

INDICE

A. HISTORIA

B. TIPOS DE FISTULAS EXTERNAS

C. TIPOS DE FISTULAS INTERNAS

D. LOCALIZACIÓN

1.- Capítulo tercero: Cuidados del Acceso vascular

1.1.- Cuidados en el periodo postquirúrgico inmediato

1.2.- Cuidados en el periodo de maduración

1.3.- Utilización del acceso vascular

1.4.- Cuidados del acceso vascular por parte del paciente en el periodo interdiálisis

1.5.- Bibliografía

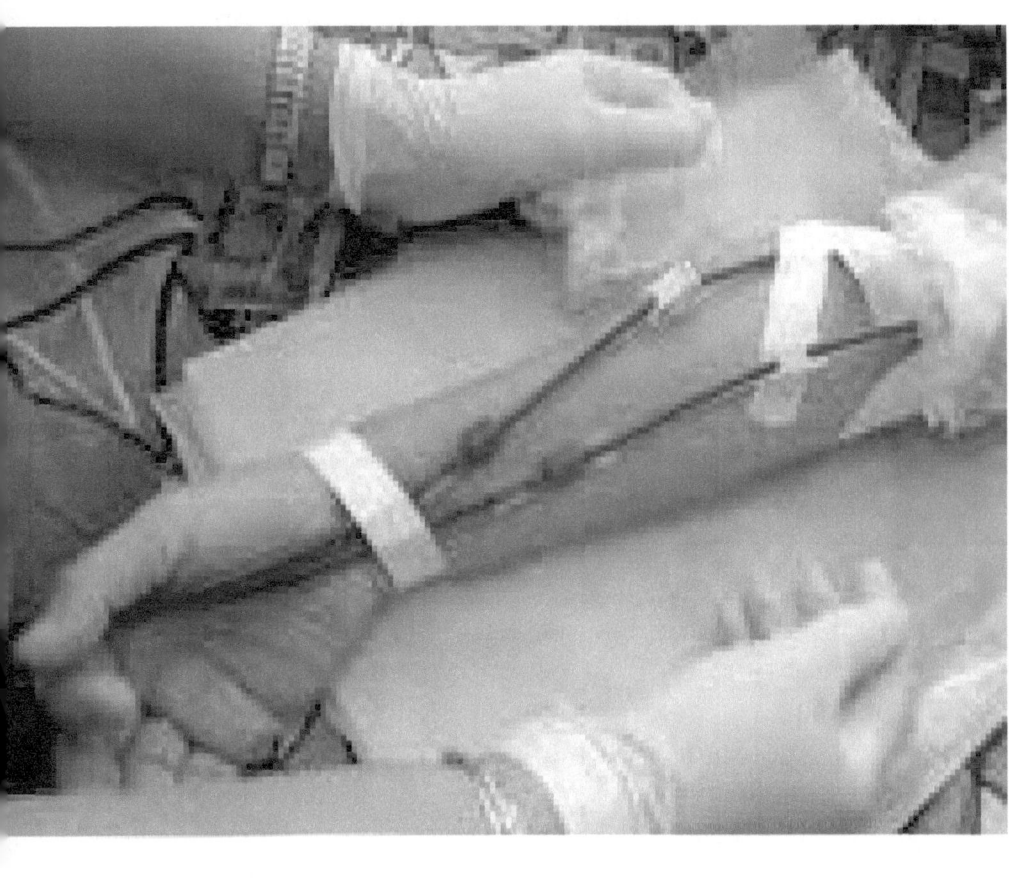

A. HISTORIA

El interés por las FAV comienza en 1764 cuando WILLIAM HUNTER escribió sus "observaciones acerca de un particular tipo de aneurisma, en el que la sangre pasa directamente de la arteria a la vena y vuelve al corazón".

A partir de esa fecha la frecuencia de las FAV adquiridas aumenta progresivamente, principalmente en el período de las dos grandes guerras (1914,1940), a causa, fundamentalmente, del inadecuado tratamiento de las heridas vasculares.

Tras la guerra de Corea y Vietnam se produce una disminución drástica de las mismas como consecuencia del correcto tratamiento que se empieza a hacer de las heridas vasculares, en consonancia con el gran desarrollo alcanzado por la cirugía vascular en la década de los 50.

Hoy día, las FAV de origen traumático son una auténtica rareza clínica. Sin embargo, el conocimiento de la anatomía y fisiología de este tipo de fístulas ha hecho posible el desarrollo de la siguiente etapa.

En 1960 QUINTON publica el uso de la primera FAV externa con fines terapéuticos; con ello nace la posibilidad de realizar Programas de Hemodiálisis para pacientes con Insuficiencia Renal Terminal, en situación de Fracaso Renal Irreversible.

Posteriormente, en 1966, BRESCIA y CIMINO desarrollan el concepto de FAV interna, basándose en la experiencia conseguida en el manejo y conocimiento de las FAV adquiridas de origen traumático.

TÉCNICA QUIRÚRGICA

Siempre se implantan mediante anestesia local o bloqueo regional. Se deben colocar, por orden de preferencia, en un tobillo, haciendo el shunt entre la arteria tibial posterior (detrás del maleolo interno) y la vena safena interna, a la misma altura (Fig.2). Si sta localización falla, se puede intentar más arriba o colocarla en el otro tobillo. Si esto tampoco es posible, se colocará en el brazo no dominante, lo más distal posible, conectando la arteria radial y la vena cefálica. En este último caso la fístula externa se puede convertir en interna.

En la implantación de las FAV Externas hay que tener precaución de que los "Tips" queden perfectamente alineados dentro del vaso y bien sujetos, tanto al propio vaso, como al tubo de silastyc.

Para ello realizaremos una ligadura sobre el vaso que recubre el "tips" (Fig.3-4). De no tomarse estas precauciones, el riesgo de falta de flujo (por chocar el extremo del tips con la pared del vaso) o la pérdida de la fístula (por salirse el tips del vaso) son elevadísimos, con todos los problemas de ello derivados.

La FAV Externa se puede realizar en cualquiera de las cuatro extremidades, pero nosotros siempre preferimos colocarlas, de primera intención, en una extremidad inferior con el fin de preservar las venas de los brazos para una posible FAV Interna posterior, ya que, en contadísimas ocasiones, podemos estar seguros de que ese paciente no va a pasar a la cronicidad.

Siempre se intenta colocar en la parte más distal de la extremidad correspondiente (tobillo, muñeca) para tener margen y poder aprovechar el máximo posible de trayecto venoso, en caso de que una primera implantación resulte fallida por cualquier causa.

De utilizar las extremidades superiores, preferimos el brazo no dominante (generalmente el izquierdo), menos gravoso para el paciente, ya que su menor utilización en la vida diaria permite una mayor actividad manual y psicológicamente es más confortable para el enfermo.

Procuramos en todos los casos respetar las venas de los brazos durante el proceso agudo, infundiendo los sueros necesarios por otras vías (subclavia, etc.) para prevenir la aparición de flebitis en las extremidades superiores que, el día de mañana, puedan dificultar y, en ocasiones, impedir la realización de una FAV Interna a ese nivel, si el paciente pasa a la cronicidad.

B. TIPOS DE FÍSTULAS EXTERNAS MÁS USADAS

SHUNT DE SCRIBNER

Es el primero que se utilizó y, todavía hoy, quizás el más ampliamente utilizado (Fig 1 y 2)

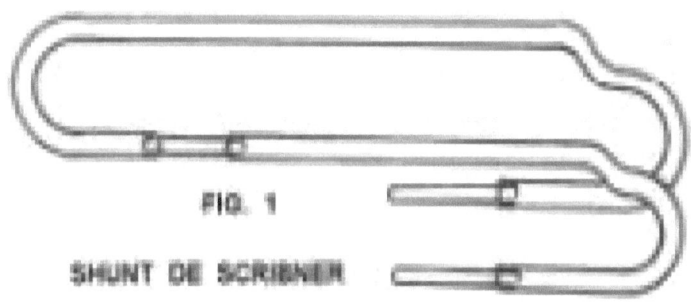

FIG. 1
SHUNT DE SCRIBNER

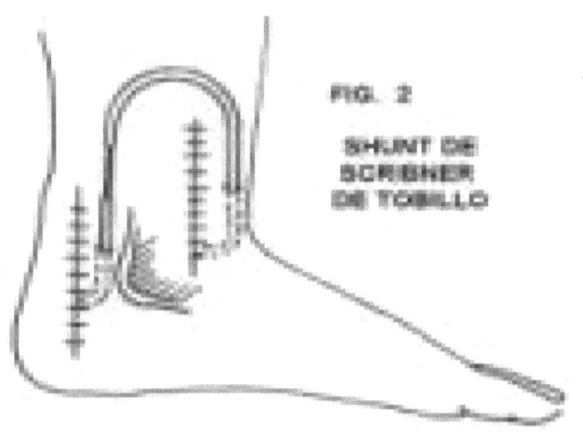

FIG. 2
SHUNT DE SCRIBNER DE TOBILLO

SHUNT DE BUSELMEIER

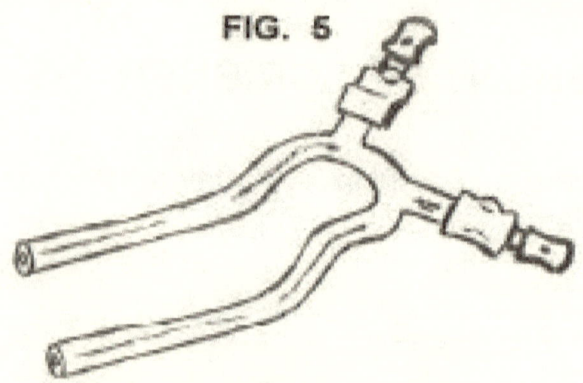

FIG. 5

SHUNT DE BUSELMEIER

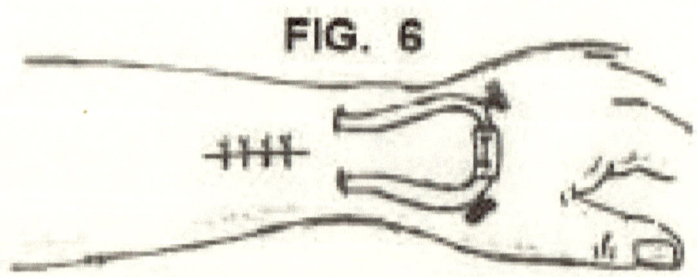

FIG. 6

SHUNT DE BUSELMEIER

Es, probablemente, mas cómodo de colocar y de manejar que el anterior. Carece de conector intermedio. Es como una "U", con dos pabellones cerrados con un tapón por los que se conecta a las líneas del dializador colocando, en ese momento, una pinza entre ambos pabellones.

SHUNT DE ALLEN-BROWN

La diferencia con los anteriores reside en que no existe el "tip" y lo que hace es suturar, en posición término-terminal a la arteria y a la vena. Requiere una técnica quirúrgica superior a las anteriores. Está indicado en aquellos pacientes en los que, por alguna razón, la FAV Externa es la única alternativa válida, ya que tiene el inconveniente de que inutilizamos ambos vasos para futuras fístulas a ese nivel (Fig. 7).

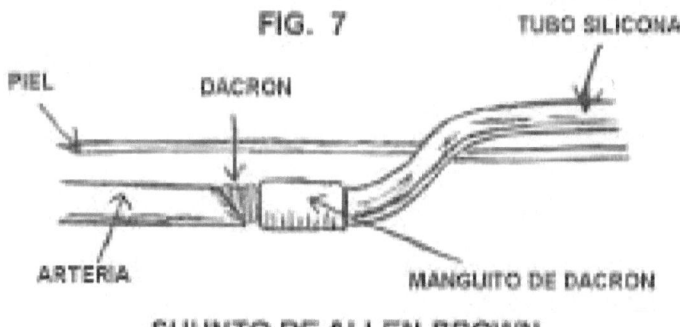

SHUNTO DE ALLEN-BROWN

SHUNT DE THOMAS

Como el anterior, tampoco dispone de "Tips". Se trata de un tubo de silicona que termina en un "pabellón" de Dracon que se sutura, en posición término-Lateral, a la arteria y vena respectivamente.

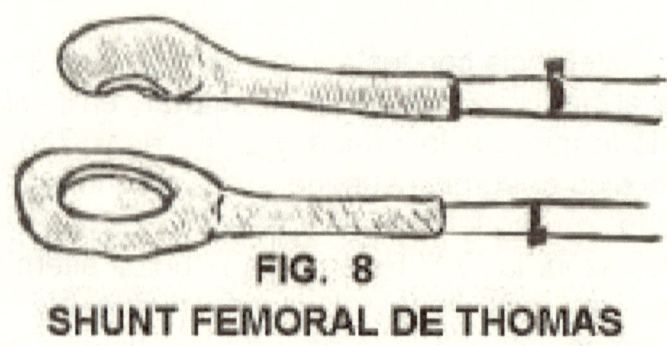

FIG. 8
SHUNT FEMORAL DE THOMAS

Generalmente se utiliza en la raíz del muslo, entre arteria ilíaca y vena safena. Sus indicaciones y contraindicaciones son las mismas que el anterior (Fig.8).

DURACIÓN DE LAS FÍSTULAS EXTERNAS

La duración de un shunt externo oscila, como promedio, entre dos y cinco meses, aunque, con un cuidado perfecto, se han llegado a describir supervivencias de años.

C. TIPOS DE FISTULAS INTERNAS, ARTERIOVENOSAS

El concepto de FAV Interna aparece en 1966 cuando BRESCIA Y CIMINO se les ocurrió la idea de suturar una vena superficial a una arteria próxima. De esta manera, al cabo de unas semanas, cuando la fístula "había madurado", se obtenía una vena superficial dilatada, fácilmente canalizable, con paredes engrosadas, que permite ser pinchada numerosas veces y con un flujo semejante al de una arteria.

Desde ese momento, ésta es la fístula de elección para los pacientes que necesitan realizarse Hemodiálisis de manera indefinida en un Programa de Crónicos.

INDICACIONES

La fundamental, como acabamos de decir, es la Hemodiálisis Periódica y quizás en algunos casos los pacientes que precisen plasmaféresis, aquellos con neoplasias y tratamientos quimioterápicos y algunos con "nutrición parenteral contínua".

La FAV Interna es en todo caso el procedimiento más habitual para Hemodiálisis. Permite al paciente hacer una vida normal, sin las limitaciones de las FAV Externas y con muchísimos menos problemas y complicaciones.

TÉCNICA QUIRÚRGICA

Al igual que las externas, siempre se realizan con anestesia local o bloqueo regional.

Las conexiones entre arteria y vena se pueden hacer de diversas maneras:

LÁTERO-LATERAL

La arteria y la vena se suturan por sus paredes laterales (Fig. 9) y una vez realizada, la fístula consta de arteria proximal (AP), arteria distal (AD), vena proximal (VP) y vena distal (VD). El flujo se realiza en el sentido de las flechas. Hoy en día está prácticamente en desuso por lo problemas de hiperflujo venoso distal e hipoflujo venoso proximal que presenta.

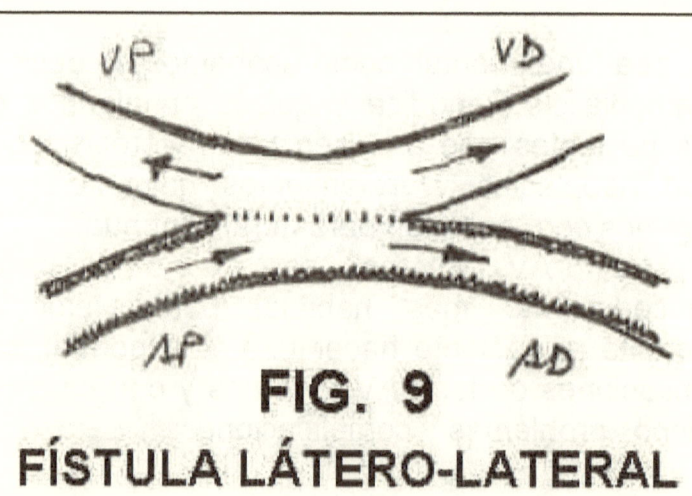

FIG. 9
FÍSTULA LÁTERO-LATERAL

LÁTERO-TERMINAL

En la cara lateral de la arteria se sutura la parte terminal de la vena (Fig. 10). En este tipo no hay vena distal funcionante (VD) y toda la sangre se va por la vena proximal (VP). Es el tipo de elección y el más frecuentemente realizado.

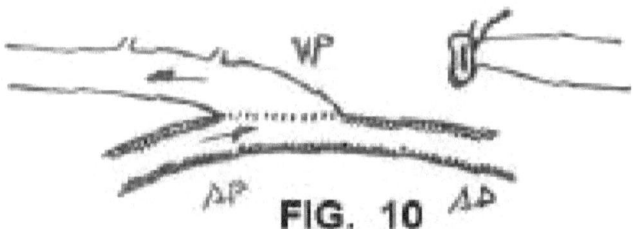

FÍSTULA LÁTERO-TERMINAL

TÉRMINO-TERMINAL

La parte terminal de la arteria se sutura a la parte terminal de la vena, es decir, la arteria y la vena se seccionan, los cabos proximales se anastomosan y los cabos distales se ligan (Fig. 11). El resultado final es un "asa vascular" en la que sólo hay AP y VP.

Este tipo de fístulas es poco usado ya que puede producir con mucha facilidad, isquemia distal de la extremidad por falta de flujo arterial.

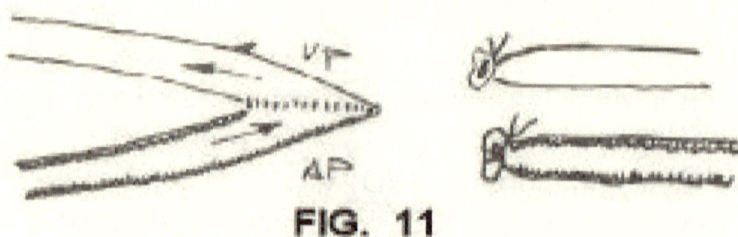

FIG. 11

FÍSTULA TÉRMINO-TERMINAL

TÉRMINO-LATERAL

La parte terminal de la arteria (que se secciona) se sutura a la cara lateral de la vena.

Prácticamente no se utiliza nunca ya que no porta ninguna ventaja y tiene en cambio los inconvenientes de los tipos 1 y 3 (Fig. 12)

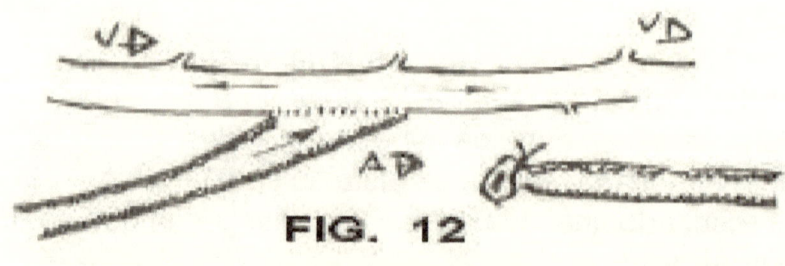

FIG. 12

FÍSTULA TÉRMINO-LATERAL

METODOLOGÍA A SEGUIR

Antes de la intervención se realizará un estudio cuidadoso de la anatomía de las venas de la extremidad superior, comprimiendo con un torniquete si es preciso porque la simple inspección no sea suficiente. A continuación hay que palpar el pulso de la arteria radial y cubital, de modo que tengamos la seguridad de que si se trombosase la arteria sobre la que vamos a construir la fístula, la mano seguiría teniendo aporte sanguíneo suficiente por la otra arteria.

La anestesia, como ya hemos dicho, se hará preferentemente mediante bloqueo regional con lo que conseguiremos a la vez una buena vasodilatación. Si esto no es posible, serealizará con anestesia local.

El campo quirúrgico debe incluir todo el antebrazo. Una incisión longitudinal u oblicua, lo más pequeña posible, a nivel de la muñeca descubre la vena cefálica y la arteria radial (Fig. 13). Se diseca la vena, que se encuentra inmediatamente debajo de la piel, en el tejido celular subcutáneo, ligando y seccionando las colaterales en una extensión de unos 5 cms., a fin de que la vena tenga movilidad. A continuación, bajo la fascia, se diseca la arteria radial en una extensión de unos 3-4 cms. Así expuestos ambos vasos, la vena se puede aproximar fácilmente a la arteria.

Ahora podemos planear alguna de las anastomosis de las que ya hemos hablado, usando a partir de ese momento material microquirúrgico.

Si realizamos una fístula látero-lateral (Fig. 14) aproximaremos la vena a la arteria manteniéndolas juntas con sendas pinzas vasculares atraumáticas, de modo que podamos hacer una incisión longitudinal de 8-10 mm en arteria y vena. Comenzamos a coser los bordes más próximos, que van a constituir la cara posterior de la fístula, mediante una sutura monofilamente de 6-7 (0) con aguja en sus dos extremos, de modo que continuamos la sutura uniendo los bordes que están más alejados que serán la cara anterior de la fístula (Fig. 15,16,17,18 y 19). Antes de anudar los dos cabos de la sutura comprobaremos la permeabilidad de ambos vasos en sus cuatro ramas.

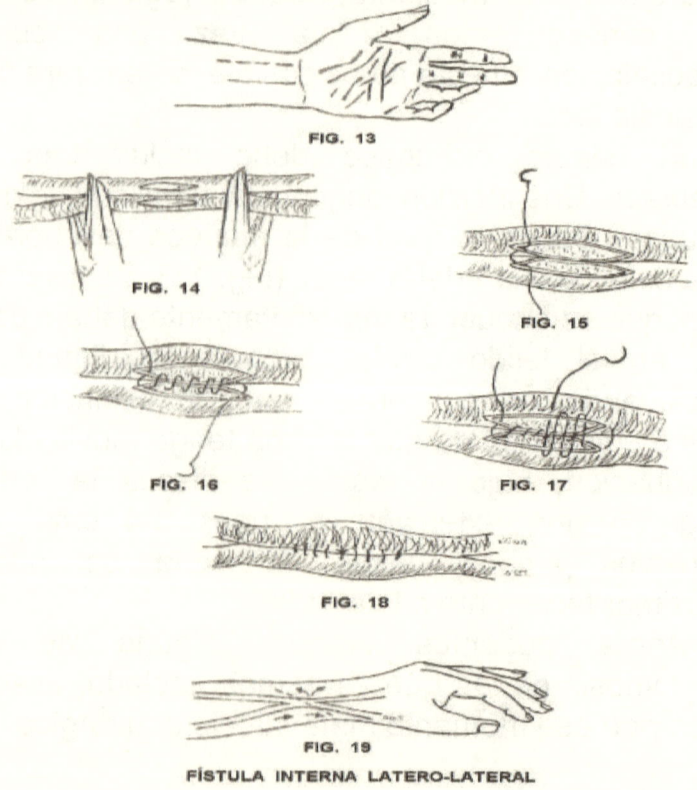

FÍSTULA INTERNA LATERO-LATERAL

La técnica de la fístula término-lateral es semejante, si bien es ligeramente más laboriosa. Se secciona la vena y se liga el cabo distal. Por el lado proximal inyectamos solución salina heparinizada y se coloca un clamp vascular atraumático. Se colocan dos clamps en los extremos de la arteria disecada y se hace una incisión longitudinal entre 5-10 mm, de modo que su tamaño se adecue al diámetro transversal de la vena.

Por el orificio que hemos realizado en la arteria se inyecta con un catéter corto tipo "abbocath" solución salina heparinizada en ambas direcciones. Se comienza a suturar con un hilo monofilamento 6-7 (0), con dos agujas (los puntos en la arteria deben darse siempre de dentro a fuera sobre todo en pacientes con arterioesclerosis), de modo que podemos hacer: o bien una sutura contínua o hacerlo en dos mitades, o si el calibre de la vena es muy reducido mediante puntos sueltos (Fig 23, 24 y 25).

Si la vena es de un calibre inferior a 4 mm se corta en bisel para conseguir un orificio del tamaño de la incisión en la arteria.

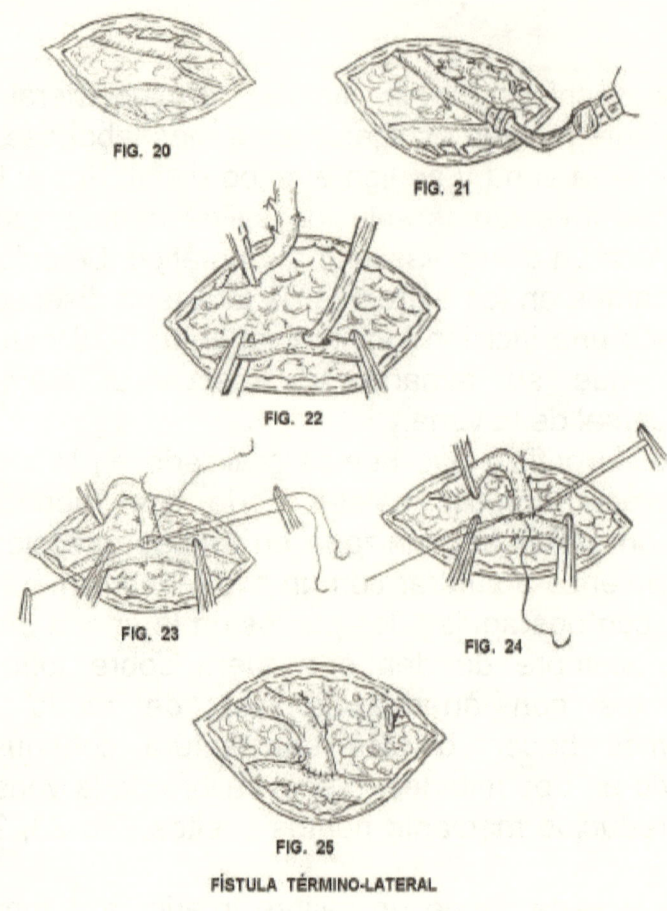

FÍSTULA TÉRMINO-LATERAL

La piel se sutura de manera habitual y se coloca un apósito teniendo cuidado que la compresión del mismo no comprima el flujo de la fístula con el consiguiente riesgo de trombosis.

D. LOCALIZACIÓN DE LAS FÍSTULAS INTERNAS

1.- Radiocefálica
Es la más frecuentemente usada y consiste en la nastomosis de la arteria radial a la vena cefálica. Esta anastomosis suele hacerse látero-terminal.

2.- Radiobasílica
Se hace llevando la vena cubital desde el borde interno del antebrazo, por debajo de la piel, hasta la arteria radial a la que se sutura mediante la técnica latero-terminal. Se puede hacer en pacientes en los que se ha perdido la vena cefálica. Es más trabajosa de realizar, más incómoda para el paciente y nunca debe ser una fístula de primera elección.

3.- Braquiocefálica
Consiste en la anastomosis a la cara lateral de la arteria braquial (humeral), en la flexura del codo, de la vena cefálica en posición terminal. Como es obvio, no se puede realizar con técnica término-terminal pues dejaríamos la extremidad sin irrigación. Es una buena opción para aquellos pacientes en los que se ha perdido una fístula radiocefálica. En estos casos lo normal es que la vena cefálica se pinchase en el antebrazo, de modo que la porción de vena cefálica del brazo estará dilatada y poco usada. De este modo, anastomosamos una vena cefálica ya dilatada (por la anterior fístula) a la arteria humeral (braquial), con lo cual podremos usarla casi inmediatamente. Cuando se puede realizar es una fístula de pocos problemas y con una facilidad de uso y durabilidad semejante a los de la fístula radiocefálica.

4.- Otras

Se han descrito otras numerosas alternativas como la carótidayugular o la femorosafena, pero ninguna es comparable a las descritas.
Si no se puede realizar una de las tres anteriores es preferible, hoy día, pasar directamente a colocar una prótesis.

CLÍNICA

Sea la fístula interna del tipo que sea, se produce:

1.- Un soplo que se ausculta sobre ella y sobre la vena distal y que se acompaña de un frémito o thrill producido por el turbulento paso de sangre de la arteria a la vena. Cuando desaparecen es síntoma casi seguro de que la fístula por la razón que sea ha dejado de funcionar.

2.- La arteria distal con el tiempo, aunque no se haya ligado, disminuye de calibre.

3.- La vena proximal comienza a dilatarse desde el primer día y continúa haciéndolo durante 6-8 meses. Luego no se dilata o lo hace muy lentamente.

4.- Las paredes de la vena proximal se hacen más gruesas y con el tiempo adquieren el aspecto de una arteria más que de una vena. La vena proximal ha pasado de ser un vaso de paredes finas y pococ flujo a otro de paredes gruesas, de mayor calibre y con gran flujo.

5.- Hemos conseguido por alguno de estos procedimientos una vena "arterializada" idónea para Hemodiálisis.

6.- Una buena fístula interna debe reunir las siguientes condiciones:

> Una buena dilatación venosa
> No existencia de isquemia distal
> No existir hipertensión venosa distal provocada por hiperaflujo o dificultad de retorno venoso.

DURACIÓN

Una fístula arteriovenosa interna bien realizada y con buenos cuidados, debe durar por encima de los diez años sin complicaciones.

OBJETIVO:

Conseguir el desarrollo óptimo del AV y prolongar la permeabilidad útil del mismo.

NORMAS DE ACTUACIÓN:

1.1 El cuidado adecuado del AV favorece su maduración, previene la aparición de complicaciones y prolonga la supervivencia del mismo.
Evidencia A

1.2. Los cuidados y manejo del AV se realizarán de manera protocolizada, en cuyos protocolos intervienen el personal sanitario, especialmente enfermería, y como elemento fundamental el propio paciente.
Evidencia D

1.3. Los programas de información y educación al paciente deben comenzar en la fase de preparación para la creación del AV, y continuar durante su realización, desarrollo y utilización.
Evidencia D

RAZONAMIENTO

El mantenimiento del AV ha de basarse en unos cuidados exhaustivos y protocolizados que permitan un desarrollo adecuado y posteriormente una utilización óptima y duradera. Se deberá informar y educar al paciente desde que se prevea la necesidad futura de realización del AV, y además, recibirá enseñanzas específicas tras la creación del mismo. Los cuidados del AV han de comenzar en el
postoperatorio inmediato, continuar durante el periodo de maduración y prolongarse tras el inicio del programa de HD.

CAPÍTULO TERCERO
CUIDADOS DEL ACCESO VASCULAR

1.1.-Cuidados en el período postquirúrgico temprano:

Tras la realización del AV, el cirujano en el propio quirófano, antes de dar por concluido el procedimiento quirúrgico, debe comprobar la presencia de pulso periférico y la función del AV palpando el *thrill* y auscultando el soplo que puede estar ausente en niños y en adultos con vasos pequeños, en los que es más frecuente la aparición de un espasmo arterial acompañante. En este caso puede utilizarse papaverina local o intraarterial para tratar dicho espasmo. Si persiste la duda del funcionamiento del AV debe utilizarse un método de imagen (eco-Doppler o arteriografía) para demostrar su permeabilidad (1). A la llegada del paciente desde el quirófano el personal de enfermería deberá:

a) Tomar las constantes vitales (TA, frecuencia cardiaca) y evaluar el estado de hidratación del paciente, especialmente en pacientes añosos, arterioescleróticos, diabéticos o con tratamiento hipotensor, con el fin de evitar hipotensiones que puedan provocar la trombosis precoz del AV (1,5).

b) Observar del brazo para comprobar el *thrill* y soplo del AV, para detectar fallos tempranos del mismo.

También se ha de valorar el apósito y el pulso periférico para descartar hematoma o hemorragia, así como isquemia periférica (2,5).

c) Mantener la extremidad elevada para favorecer la circulación de retorno y evitar los edemas (1,5)

d) En el momento del alta se citará al paciente para la retirada de los puntos de sutura cutanea a partir del séptimo día. Según el estado de cicatrización de la herida se puede sustituir dicha sutura por tiras "steri-strips" durante unos días más, o bien retirar la mitad de los puntos de forma alterna (4,5). En ese momento se valorará el desarrollo del AV para detectar posibles complicaciones.

El paciente debe ser informado sobre los cuidados que debe realizar. Estos incluyen la vigilancia de la función del AV, detección de posibles complicaciones, cuidados locales y adquisición de determinados hábitos para preservar su función.

Se debe instruir al paciente a vigilar diariamente la función de su AV, enseñándole el significado del *thrill* y del soplo y como valorarlos mediante la palpación y la auscultación. Desde el punto de vista práctico la palpación del *thrill* es la herramienta más útil para el paciente, y se le informará que ha de comunicar a su consulta de referencia cualquier disminución o ausencia del mismo, así como la aparición de dolor o endurecimiento locales sugestivos de trombosis (2,6). El paciente también observará el AV en orden a detectar datos de infección, como nrojecimiento, calor, dolor y supuración, así como signos y síntomas de isquemia en ese miembro, tales como frialdad, palidez y dolor, especialmente en accesos protésicos, para en el supuesto que aparezcan lo comunique lo antes posible.

En cuanto a los cuidados se recomienda no levantar ni mojar el apósito durante las primeras 24-48 horas, cambiándolo en el caso que estuviera sucio o humedecido. Después de este periodo ha de realizarse una higiene adecuada mediante el lavado diario con agua y jabón, así como mantener seca la zona (2,4,6).

Se evitaran en estas primeras fases aquellas situaciones que puedan favorecer la contaminación de la herida, o en su caso protegerla debidamente (ej, trabajo en el campo, con animales, etc)

El paciente deberá movilizar la mano/brazo suavemente durante la primeras 24-48 horas para favorecer la circulación sanguínea, y abstenerse de realizar ejercicios bruscos que puedan ocasionar sangrado o dificultar el retorno venoso (1)

Por último, el paciente debe evitar las venopunciones o tomas de T.A en el brazo portador del AV (1,6). También evitará cualquier compresión sobre el AV tal como ropa apretada, reloj o pulseras, vendajes oclusivos, dormir sobre el brazo del AV, así como cambios bruscos de temperatura, golpes, levantar peso y realizar ejercicios bruscos con este brazo (2,6).

1.2.-Cuidados en el período de maduración

Es importante conseguir una maduración adecuada del AV. En un AV inmaduro la pared vascular es más frágil y el flujo insuficiente, lo que hace más difícil la punción y canalización del mismo, con el consiguiente riesgo de hematomas y trombosis. En las fístulas autólogas se recomienda un tiempo de maduración mínimo de 4 semanas, que podrá ser mayor dependiendo del estado de la red venosa, edad del paciente y patología concomitante (2,7). En accesos protésicos, el tiempo de maduración mínima es de 2 semanas, para asegurar la formación de la neoíntima. En pacientes de edad avanzada con AV protésico, se recomienda tiempos de maduración mas largos, en torno al mes, ya que la formación de la neoíntima es mas lenta (1).

A partir del tercer día de la realización del AV, comenzará nuevamente con los ejercicios para la dilatación de la red venosa, ya indicados previamente (7).

Durante el periodo de maduración hay que realizar un seguimiento del AV para detectar problemas en el mismo y poder tomar las medidas correctivas oportunas antes de comenzar tratamiento renal sustitutivo.

Mediante el examen físico, la observación directa del trayecto venoso nos va a indicar el proceso de maduración en el que se encuentra el AV. El desarrollo de circulación colateral es indicativo de hipertensión venosa por dificultades en el flujo, por estenosis, o trombosis no detectadas previamente a la realización del AV. El *thrill* y soplo del AV son métodos físicos útiles para valorar la evolución de éste. La disminución del *thrill* y la presencia de un soplo piante son también indicativos de estenosis. Durante este periodo también valoraremos la aparición de signos y síntomas de isquemia tales como frialdad, palidez y dolor en ese meiembro (7).

La medición del flujo del AV por ultrasonidos ayuda a predecir problemas en la maduración. Flujos bajos en FAVI autólogas en las dos primeras semanas están relacionados con mal desarrollo (2).

1.3.- Utilización del acceso vascular

1.3.1.-Utilización del AV:Cuidados previos a la punción:. En cada sesión de HD es necesario un examen exhaustivo del AV, mediante observación directa, palpación y auscultación (2,9). No ha de realizarse la punción sin comprobar antes el funcionamiento del AV.

Previo a la punción del AV es preciso conocer el tipo, la anatomía del mismo, y la dirección del flujo sanguíneo para programar las zonas de punción. Para ello, es de gran utilidad la existencia de un mapa del acceso en la historia clínica del paciente.

Todo el personal de Enfermería que punciona por primera vez a un paciente estudiará el mapa del AV para realizar una punción adecuada.

Se llevarán a cabo las medidas de precaución universal, a fin de evitar la trasmisión de infecciones. Es necesario el lavado del brazo con agua y jabón, colocación de campo quirúrgico y desinfección de la zona de punción. La punción del acceso protésico se realizará siempre con guantes estériles (1,7).

1.3.2.-Técnicas de punción: Se evitará en todo momento punciones en zonas enrojecidas o con supuración, en zona de hematoma, costra o piel alterada y en zonas apicales de aneurismas o pseudoaneurimas (1,7)

La punción del acceso se puede realizar siguiendo uno de los siguientes métodos: zona específica de punción, punciones escalonadas y técnica del ojal.

La técnica conocida como zona específica de punción consiste en realizar las punciones en una pequeña área de la vena (2-3 cm). Aunque esta técnica facilita la punción al estar esta zona mas dilatada, dando suficiente flujo y resultar menos dolorosa para el paciente, también nos encontramos que punciones repetidas destruyen las propiedades de elasticidad de la pared vascular y la piel, favoreciendo la formación de aneurismas, la aparición de zonas estenóticas postaneurima y un mayor tiempo de sangrado. (4, 9).

La técnica del ojal consiste en realizar las punciones siempre en el mismo punto, con la misma inclinación, de forma que el coágulo formado de la vez anterior se extraiga y la aguja se introduzca en el mismo túnel de canalización.

La técnica de punción escalonada consiste en utilizar toda la zona disponible, mediante rotación de los puntos de punción.

La aguja a utilizar ha de ser de acero, de pared ultrafina y tribiselada, con una longitud de 25-30 mm y con un calibre que dependerá del tipo de AV, el calibre de la vena y el flujo sanguíneo que se desea obtener (17G, 16G, 15 G o 14G). Las primeras punciones del AV han de ser realizados por una enfermera experimentada de la unidad, aconsejándose que sea la misma persona, utilizando agujas de calibre pequeño (17G y 16G).

La punción arterial se puede realizar en dirección distal o proximal, dependiendo del estado del AV y para favorecer la rotación de punciones, dejando una separación de al menos tres traveses de dedo entre el extremo de la aguja y la anastomosis vascular. La punción venosa siempre se hará en dirección proximal (en el sentido del flujo venoso). La distancia entre de las dos agujas, arterial y venosa ha de ser la suficiente para evitar la recirculación. Cuando se realice la técnica de unipunción, el sentido de la aguja siempre será proximal.

La punción de los AV protésicos ha de realizarse con el bisel de la aguja hacia arriba y un ángulo de 45°. Una vez introducido el bisel en la luz del vaso, se ha de girar hacia abajo, se reducirá el ángulo de punción y se procederá a la completa canalización. En los AV protésicos está totalmente contraindicada la utilización de las técnicas de punción en zona específica y técnica del ojal, dado que favorecen la destrucción del material protésico y aumentan el riesgo de aparición de pseudoaneurismas.

Una técnica correcta incluye otros aspectos que el personal de enfermería debe vigilar: Antes de la conexión al circuito ha de comprobarse con una jeringa con suero salino la correcta canalización de las agujas, principalmente en las punciones dificultosas o primeras punciones, para evitar la extravasación sanguínea y el consiguiente hematoma.

Para evitar salidas espontáneas o accidentales de las agujas, éstas deben estar fijadas correctamente a piel, a la vez que se debe comprobar que el extremo distal de la aguja no dañe la pared vascular. El brazo del AV se colocará de forma segura y confortable, manteniendo las punciones y las líneas del circuito sanguíneo a la vista del personal de enfermería.

1.3.3.-Manejo durante la sesión de hemodiálisis: Durante la sesión de diálisis mantendremos unos flujos sanguíneos adecuados (300-500 ml/min) para obtener una eficacia óptima. En las primeras punciones se recomienda utilizar flujos inferiores (en torno a 200 ml/min) y elevarlos en la siguientes sesiones. Es muy aconsejable medir la presión en la línea arterial antes de la bomba (presión arterial) que puede advertir de flujos inhadecuados.

Se evitaran manipulaciones de la aguja durante la sesión de diálisis principalmente en las primeras punciones. Siempre que haya que manipular las agujas durante la sesión de diálisis, ésta ha de hacerse con la bomba sanguínea parada para evitar cambios bruscos de presión dentro del acceso. En ocasiones se recomienda realizar una nueva punción antes que manipular la aguja repetidas veces. En caso de realizar una nueva punción, se aconseja dejar la aguja de la anterior punción hasta el final de la sesión (siempre que no empeore la situación), y realizar la hemostasia de todas las punciones al finalizar la HD.

1.3.4.-Retirada de las agujas: La retirada de las agujas ha de realizarse cuidadosamente a fin de evitar desgarros. La hemostasia de los puntos de punción se hará ejerciendo una ligera presión de forma suave, para evitar las pérdidas hemáticas sin llegar a ocluir el flujo sanguíneo. Teniendo en cuenta que existe un desfase entre el orificio de la piel y el del vaso (no suelen quedar completamente uno encima del otro), la presión durante la hemostasia se ejercerá sobre el orificio de la piel y en la dirección en que estaba colocada la aguja (5,6).

Se recomienda un tiempo de hemostasia mínimo de 10-15 minutos o bien hasta que se haya formado un coágulo estable en el sitio de punción. Éste puede variar de un paciente a otro, dado que puede estar influenciado por el tipo de AV, estado del mismo y factores propios del paciente. Para favorecer la formación del coágulo, la presión durante el tiempo de hemostasia ha de ser continua, sin interrupciones hasta comprobar que es completa (16). Tiempos largos de sangrado (mas de 20 minutos) de forma periódica en punciones no complicadas, pueden indicar un aumento de la presión intraacceso (16).

Cuando la hemostasia de los puntos de punción se realice por separado, uno a uno, se debe hacer primero la hemostasia del punto más próximal (retorno), ya que de no hacerse así, al comprimir el otro punto se aumentaría la presión dentro del acceso lo que favorece el posible sangrado.

Los apósitos de colágeno, acortan el tiempo de hemostasia y mejoran la cicatrización de los puntos de punción (1,7). No se recomienda el uso de pinzas o torniquetes especiales para realizar la hemostasia de las punciones. Nunca han de utilizarse en los AV protésicos (1).

La hemostasia en las primeras punciones ha de realizarse siempre por personal de enfermería experto, puesto que la pared vascular todavía es muy frágil y hay riesgo de formación de hematomas. Posteriormente educaremos al paciente para que realice su propia hemostasia.

1.4.-Cuidados del AV por parte del paciente en el periodo interdiálisis:

Se instruirá al paciente que la retirada del apósito se haga al día siguiente de la sesión de diálisis, de manera cuidadosa. En caso de que el apósito esté pegado a la piel, éste se humedecerá para evitar tirones y sangrado. Nunca ha de levantarse la costra de la herida. En caso de sangrado el paciente sabrá comprimir los puntos de punción, y hacer la hemostasia de igual forma que cuando lo realiza al final de la sesión de HD.

Así mismo, mantendrá una adecuada higiene del brazo del AV con lavado diario con agua y jabón, o con mayor frecuencia si las circunstancias lo aconsejan. En general, deberá seguir las recomendaciones señaladas en el periodo de maduración.

1.5.-Bibliografía.

1. Díaz Romero F, Polo J.R, Lorenzo V. Accesos vasculares subcutáneos. En: Lorenzo V Torres A, Hernández D, Ayus JC (eds.). Manual de Nefrología.
Elsevier Science, Ediciones Harcourt, Madrid 2002. pp: 371-384.
2. Guidelines for Vascular Access. Vascular Access Society.http://www.vascularaccesssociety.com/guidelines/
3. NKF/DOQI. Clinical Practice Guidelines for Vascular Access. Am J Kidney Dis 2001; 37 (Supp 1): S137- S181.
4. Polo J.R. Protocolo de cuidados y seguimiento de accesos vasculares para HD. Rev Enfermería Nefrológica 1997; 2: 2-8.
5. Andrés J. Accesos vasculares para hemodiálisis. En: Andrés J, Fortuny J(eds.), Cuidados de Enfermería en la Insuficiencia Renal. Gallery/Healhcom, Madrid, 1993. pp: 145-171.
6. Manual de Protocolos y Procedimientos de Actuación de Enfermería Nefrológica. Sociedad Española De Enfermería Nefrológica. Madrid, 2001
7. Polo JR, Echenagusia A. Accesos vasculares para hemodiálisis. En: Valderrábano F (ed.), Tratado de Hemodiálisis. Medical JIMS, Barcelona; 1999. pp: 125-140.
8. Tautenhanh J, Heinrich P, Meyer F. Arteriovenous fistulas for hemodialysis patency rates and retrospective study. Zentralbl Chir 1994; 119: 506-510.

9. López L. Accesos vasculares. En: Andreu L.y Forcé E. 500 cuestiones que plantea el cuidado del enfermo renal. Barcelona: Masson S.A., 2001: pp 93-113.
10. Brouwer D, Cannulation of Vascular Grafts and Fístulas.www.hdcn.com/ch/access.
11. Prinse-Van Loon M, Mutsaers BMJM, Verwoert-Meertens A. El cuidado especializado e integrado de la fístula arteriovenosa mejora la calidad de vida. Rev Journal EDTNA/ERCA 1996; 22: 31-33.
12. Polo JR. Accesos vasculares para diálisis. Detección y tratamiento de la disfunción por estenosis. Rev Enfermería Nefrológica 2001; 15: 20-22.
13. San Juan MI, Santos MR, Muñoz S, Cardiel E, Alvaro G, Bravo B. Validación de un protocolo de enfermería para el cuidado del acceso vascular. Rev
Enfermería Nefrológica 2003; 6 (4): 70-75.
14. Tienda M, Quiralte A. Otras complicaciones de las FAVIs. Cuidados de Enfermería. Rev Enfermería Nefrológica 2000: 21-26
15. Raja RM. El acceso vascular para la hemodiálisis. En Daugirdas J.T, Ing T.S. (eds.) Manual de diálisis. Masson-Little, Brown, Barcelona, 1996. pp: 51-74.
16. Besarab A y Raja RM. Acceso vascular para la hemodiálisis En: Daugirdas J, Blake P, Ing T (eds.). Manual de Diálisis. Masson, Barcelona, 2003. pp:
69-105.

www.ingramcontent.com/pod-product-compliance
Lightning Source LLC
Chambersburg PA
CBHW021855170526
45157CB00006B/2464